Photo=Club

Rouennais

Excursions

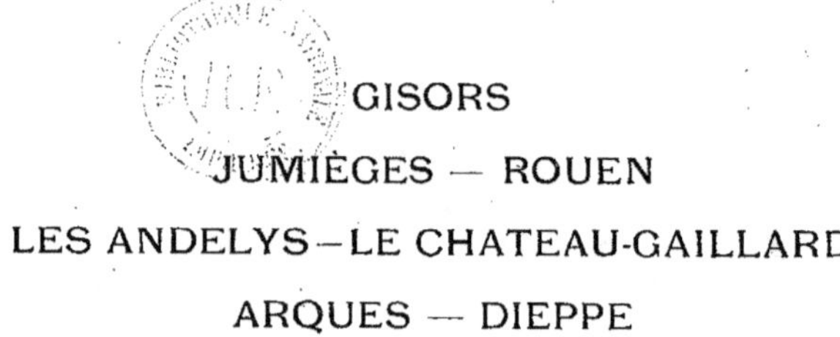

GISORS

JUMIÈGES — ROUEN

LES ANDELYS — LE CHATEAU-GAILLARD

ARQUES — DIEPPE

Photo-Club Rouennais

EXCURSIONS

AU LECTEUR

En vous présentant ces images dont les procédés modernes nous ont facilité la reproduction, nous avons cherché à faire revivre, par des notes sans prétention, le souvenir de quelques-unes de nos excursions passées, de ces réunions où l'amitié et la photographie marchèrent de pair, et dont nous aimons à redire les amusants épisodes. Notre moisson fut abondante et la gerbe que nous vous offrons bien petite; puisse néanmoins cet essai être reçu par vous avec autant de bienveillance que nous avons eu de plaisir à le préparer.

La Commission.

GISORS

Du faîte de la haute tour du château, ce qui frappe tout d'abord la vue, c'est l'ensemble de l'*Église*, véritable cathédrale par ses dimensions. Le portail principal date de la Renaissance, le reste de la construction est gothique ; le portail nord est orné de portes dont les belles sculptures sont attribuées à Jean Goujon ; elles sont surmontées d'une très gracieuse statue de la Vierge.

A l'intérieur de l'édifice, on remarque, dans la nef, des colonnes d'aspect varié, les unes s'élevant en spirales, les autres droites,

Phototype E. Laver.

unies ou ornées de moulures. Le très bel escalier dont nous donnons la reproduction, appartient à la Renaissance.

Le visiteur remarquera en outre des vitraux en grisaille tout à fait intéressants.

Après une rapide visite à quelques vieilles façades normandes, on gravira la montée qui conduit au *Château*. Soigneusement conservée par la municipalité, la forteresse remontant à Philippe-Auguste, présente avec son donjon, la tour du prisonnier, les logis de l'entrée, les chemins d'accès, les hauts murs d'enceinte fortifiés de tours imposantes, un spécimen considérable de l'architecture militaire du moyen âge.

E. LAVER.

JUMIÈGES

Ne pouvant en quelques lignes donner un résumé historique de l'abbaye célèbre de Jumièges, nous nous bornerons à quelques indications sur les photographies qui accompagnent ces notes.

L'*Entrée des ruines*, à gauche de notre planche, est un simple

LES ANDELYS - LE CHATEAU GAILLARD

pastiche; cet édicule n'a, au point de vue historique ou archéo-
logique, aucun intérêt.

Au centre, se trouve la *vue générale*, prise des anciens jardins
de l'Abbé. De ce point, les ruines apparaissent au spectateur
dans toute leur grandeur; au premier plan, à travers les rameaux
des arbres, les restes de l'église Saint-Pierre; puis la majestueuse
arche du transept de l'église Notre-Dame, qui soutient encore la
partie occidentale de la grande tour; se profilant enfin en dernier
plan, les deux hautes tours du portail, qui sont comme les
témoins de ce que l'art roman a produit de plus merveilleux.

Plus loin, nous trouvons *le bas côté nord de l'Église Saint-Pierre*;
c'est le gothique du xiv° siècle dans toute son élégance. Les piliers
sont demeurés dans un assez bon état de conservation. Les voûtes
sont malheureusement presque entièrement détruites par la
végétation qui s'y développe. La légende y place la cellule du
fondateur de l'abbaye: Saint-Philibert; une sorte d'oratoire aurait
été élevé sur l'emplacement de la cellule du saint.

Au bas et à gauche de notre planche est reproduite l'entrée de
la salle dite *Salle des Gardes de Charles VII*; c'est une erreur
accréditée dans le public d'attribuer à l'abbaye un corps de garde
à l'usage de la suite du roi. Des auteurs distingués pensent que
cette salle était la salle de la *Bibliothèque*. La photographie
suivante montre les admirables piliers de l'*Église Notre-Dame*;
au-dessus s'ouvrent les baies des longues tribunes élevées sur les
voûtes des bas côtés; tribunes et bas côtés sont tombés sous la
pioche; seul le bas côté nord conserve encore sa voûte, mais il
est dans un déplorable état.

Enfin, notre dernière vue reproduit l'aspect de l'*arche* majestueuse de la grande tour et nous donne une idée de ce qu'était la
principale nef de ce temple magnifique. Si l'humble passant,
devant la grandeur des ruines, se sent ému et ravi, il est égale-
ment envahi par un sentiment de mélancolie, en présence de cette
dévastation, et il ne songe pas sans douleur aux aberrations stu-
pides des révolutionnaires qui s'imaginaient faire œuvre de pro-
grès en mutilant, pillant ou saccageant en quelques années ce que
sept siècles avaient respecté.   AB. BLANCHET.

LE VIEUX ROUEN

Phototype A. Margueny.

A parcourir notre vieille cité dans tous les sens, laissant de côté les monuments recommandés par les guides et connus de tous les touristes, on rencontre des endroits curieux qui, vous reportant quelques siècles en arrière, font revivre les époques passées.

Parmi les choses presque inconnues de la plupart des Rouennais, nous signalons cet intérieur de cour de la *rue Ampère*; antérieurement, rue du Petit-Salut.

Dans cette cour, d'aspect plutôt négligé, d'une demeure construite par des gens de goût, bourgeois ayant pignon sur rue, on aperçoit, à gauche, la porte de la maison, à petits panneaux comme on les faisait au xvii° siècle, et dont le chambranle du xvi° siècle est orné de gaines et de figurines de femmes fort gracieuses ; en face, le vieil escalier à jour avec rampe à balustres en bois et paliers formant balcon à chaque étage.

Après la maison bourgeoise, où la vie se passe calme et familiale, la demeure seigneuriale est à visiter. Connu sous le nom d'Hôtel du Baillage, édifié en 1710 pour M. Faucon de Ris, membre du Parlement de Normandie, il remplaça une autre construction ayant appartenu à M. de Becdelièvre, marquis de Quevilly.

Dans la cour d'honneur s'élève un perron orné de lions et de vases et donnant accès, par un vaste vestibule, à l'hôtel et au jardin

Phototype L. Cuisseau.

en terrasse dominant la cour. Cet ensemble donne bien l'aspect de grandeur et de faste qui est une marque de ces demeures de l'ancien régime.

M. Lucas.

LES ANDELYS & LE CHATEAU-GAILLARD

Un couvent, fondé par Clotilde, femme de Clovis, fut l'origine du *Grand Andely*, et telle était la célébrité de ce monastère que des jeunes filles y venaient de la Grande-Bretagne. On voit encore en ville de vieilles demeures : une des plus curieuses est l'*Hostellerie du*

Grand Cerf, édifiée par Nicolas du Val, membre du Parlement de Normandie ; elle abrita tour à tour : Walter Scott, Pigault-Le Brun, Rosa Bonheur, et Victor Hugo. Moins près de la gloire que ses devanciers, le P.-C.-R. y changea ses plaques et, après une courte halte à la piscine de Sainte-Clotilde, d'où sont disparus les naïfs pèlerins d'autrefois, gravit la montée escarpée du *Château-Gaillard.*

Richard Cœur de Lion (1196) construisit en une année cette citadelle pour défendre les limites de son duché.

Sur le promontoire baigné par le fleuve s'avançait un épi triangulaire, flanqué de quatre tours dont la plus grosse avait 47 mètres de hauteur. En arrière s'étendait une première enceinte qu'un fossé large et profond séparait de l'ouvrage avancé ; des logements, des salles pour les gens d'armes, la chapelle, y étaient accolés ; au sud on voit encore de vastes caves ou souterrains dont les voûtes sont supportées par des piliers hexagonaux taillés dans le roc. La deuxième enceinte, formée de courtines étroites reliées par des bossages, enserrait le donjon et la demeure du Gouverneur ; les murs, construits pour résister à la sape, atteignaient par endroits sept mètres d'épaisseur.

Le donjon, dernière retraite des défenseurs, dominait les murs et les tours. Nos photographies le montrent sous plusieurs aspects et reproduisent en partie les murailles, les tours et les souterrains, ainsi que le panorama des Andelys.

Des sièges mémorables, des défenses sanglantes, des attaques où la valeur des assiégés n'eut pas toujours raison de la ruse des assiégeants, ébranlèrent ces robustes murailles jusqu'à la trève conclue entre Richard et Philippe-Auguste (1198). Depuis cette date, le Château-Gaillard fut encore témoin d'épisodes historiques intéressants. En 1311, Marguerite et Blanche de Bourgogne y furent emprisonnées ; Marguerite fut étranglée dans sa prison et les séducteurs des deux jeunes princesses écorchés vifs à Pontoise.

En 1417, Henri VI, roi d'Angleterre, fit le siège du château, qui se rendit le dernier de la région, après seize mois de résistance. En 1461, Louis XI y fit décapiter Charles de Melun, convaincu de trahison.

Après y être entré en 1591, Henri IV le donna en 1603 à Charles

de Bourbon, Archevêque de Rouen. A la requête des États de Normandie, le démantèlement eut lieu peu après et les matériaux furent attribués aux *Capucins* et aux *Pénitents* de Rouen. Des discussions s'élevèrent, notamment à l'occasion de l'enlèvement des pierres du château, que les *Pénitents* transportaient à Rouen pour la construction de leur couvent, actuellement le *Lycée*. Les gens des Andelys voulant aussi leur part, des désordres eurent lieu ; la démolition fut suspendue en 1649 et les ruines remises sous la garde des Échevins.

L'Église Notre-Dame est un mélange curieux de styles différents : deux tours carrées, flanquées de tourelles d'angle reliées par un porche intermédiaire, forment la décoration du portail.

Le transept nord date de la Renaissance, celui du sud est du style flamboyant ; la chapelle de la Vierge ne remonte qu'au xvie siècle. A l'intérieur, quelques intéressantes verrières, quelques bonnes toiles et un beau sépulcre du xvie siècle, provenant de la Chartreuse de Gaillon.

A. MARGUERY.

ARQUES

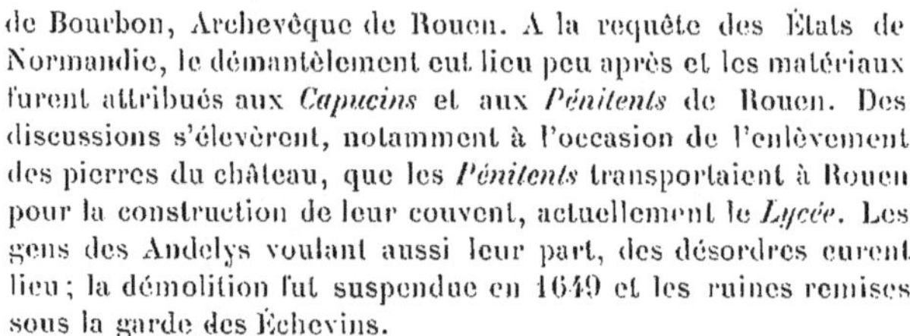

Arques évoque le souvenir de la célèbre bataille gagnée par Henri IV sur le duc de Mayenne (1589), et dont une pyramide en pierre conserve le souvenir.

Le château dominant la vallée a été bâti au xie siècle. De vastes fossés en défendent l'accès, de hautes murail-

Phototype R. Duval.

les flanquées de tours cachent la vue des constructions intérieures auxquelles on accède par une série d'enceintes percées de portes en plein cintre et dont nous donnons la reproduction. C'est une des parties les plus intéressantes de ces ruines qui, malgré les ravages des guerres, des hommes et du temps, gardent encore un caractère très imposant.

DIEPPE

Phototype A. Poussin.

Sur les falaises dites le *Mont de Caux*, s'élève l'imposante silhouette du *vieux château*. Solidement campé à mi-côte, commandant la ville et la mer, il fut bâti sous François Ier.

La grosse tour carrée vers la ville, faisait partie de l'ancienne église Saint-Rémy; à la tour ronde vers la mer, se voit une fenêtre par laquelle se serait, dit-on, évadée la duchesse de Longueville, en 1650.

La vue que nous donnons a été prise du haut des fossés, au sommet de la falaise et montre bien le caractère robuste et hardi de cette intéressante construction des temps passés.

L. Chesneau.

Septembre 1901.

2236-01. — Corbeil. — Imprimerie. Éd. Crété.

www.ingramcontent.com/pod-product-compliance
Lightning Source LLC
Chambersburg PA
CBHW060641080726
47818CB00041B/621